BEI GRIN MACHT SICH IHR WISSEN BEZAHLT

- Wir veröffentlichen Ihre Hausarbeit,
  Bachelor- und Masterarbeit

- Ihr eigenes eBook und Buch -
  weltweit in allen wichtigen Shops

- Verdienen Sie an jedem Verkauf

Jetzt bei www.GRIN.com hochladen
und kostenlos publizieren

Bibliografische Information der Deutschen Nationalbibliothek:

Die Deutsche Bibliothek verzeichnet diese Publikation in der Deutschen National-
bibliografie; detaillierte bibliografische Daten sind im Internet über http://dnb.d-
nb.de/ abrufbar.

Impressum:

Copyright © 2016 GRIN Verlag, Open Publishing GmbH
Druck und Bindung: Books on Demand GmbH, Norderstedt Germany
ISBN: 9783656985426

Dieses Buch bei GRIN:

http://www.grin.com/de/e-book/336644/einfluss-von-antizipation-der-messung-auf-
die-cortisol-aufwachreaktion

Joseph Choi, Sophie Eicher, Clara Gerhardt, Lea Gronemeier, Greta Meyer-Probst

Aus der Reihe: e-fellows.net schüler-wissen

e-fellows.net (Hrsg.)

Band 1607

Einfluss von Antizipation der Messung auf die Cortisol-Aufwachreaktion

GRIN Verlag

Technische Universität Dresden

Fakultät Mathematik und Naturwissenschaften

Institut für Allgemeine Psychologie, Biopsychologie und Methoden der Psychologie

Professur Biopsychologie

Seminar Experimentalpsychologisches Praktikum

Einfluss von Antizipation der Messung auf die Cortisol-Aufwachreaktion

Untersuchung im Rahmen des Experimentalpsychologischen Praktikums

Erstellt von:

Joseph Choi

Sophie Eicher

Clara Gerhardt

Lea Gronemeier

Greta Meyer-Probst

Dresden, den 12.07.2016

Inhaltsverzeichnis

Abbildungsverzeichnis

Abb.1: Studienablauf

Abb. 2: Boxplot Cortisolkonzentration

Abb. 3: Diagramm Durchschnittlicher Anstieg der Cortisolwerte

Abkürzungsverzeichnis

ACTH - Adrenocorticotropin

APA   - American Psychological Association

Bzw   - beziehungsweise

CAR   - Cortisol-Aufwachreaktion

CRH   - Corticotropin-releasing Hormon

HHNA - Hypophysen-Hypothalamus-Nebennieren-Achse

MEMS - Medication Event Monitoring System

rmp   - revolutions per minute

STAI   - State-Trait-Anxiety-Inventory/ State-Trait-Angst-Inventar

Abstract

Im Zusammenhang mit dem mit Stress assoziierten Hormon Cortisol, das unter anderem als Marker für Ressourcenaktivierung fungiert, ist die Erforschung der Cortisol-Aufwachreaktion (CAR) von besonderer Bedeutung. Die bisherige Forschung konnte noch keine konsistenten Erkenntnisse über die Funktion der CAR liefern, daher scheint die Untersuchung von Einflussfaktoren auf die CAR sinnvoll. Die vorliegende Studie befasst sich im Besonderen mit der Frage nach der Beeinflussung der CAR durch Antizipation operationalisiert durch die Bekanntheit der Messung. Dazu wurden sowohl die CAR als abhängige Variable als auch die Antizipation als unabhängige Variable erfasst. Mithilfe eines einfaktoriellen univariaten Within-Subject-Design mit Messwiederholungen (N=27) sollten die Hypothesen überprüft werden. Neben den Cortisolwerten wurden unter anderem Daten zu Angst als Zustand beziehungsweise Angst als Eigenschaft erhoben. In statistischen Analysen zeigte sich zwar eine stabile CAR bei den teilnehmenden Versuchspersonen, jedoch war der angenommene Zusammenhang zwischen der Antizipation und der CAR nicht signifikant. Auch der Zusammenhang zwischen der Bekanntheit der Messung und Ängstlichkeit konnte nicht nachgewiesen werden. Die Interpretation der Ergebnisse zeigte, dass die Manipulation der Antizipation nicht erfolgreich war und daher aufgrund von methodischen Mängeln kein signifikanter Effekt entstanden ist. Zur genaueren Untersuchung von Einflussfaktoren auf die CAR bedarf es daher weiterer Studien mit größeren Stichprobenumfängen.

1. Einleitung

Der typische Student weist eine hohe Variabilität in seiner Einschlaf- und Aufwachzeit auf und ist doch physisch und psychisch in der Lage seinen Alltag zu bewältigen. Ein körperlicher Mechanismus, der diese homöostatischen Anpassungen ermöglicht, besteht in der Cortisolaufwachreaktion (CAR). Diese ist durch eine hohe intraindividuelle Stabilität gekennzeichnet und deutet auf eine gesunde zirkadiane Physiologie des Menschen hin, wobei Abweichungen der Normkurve auf maladaptive neuroendokrine Prozesse hinweisen (Fries, Dettenborn und Kirschbaum, 2009).

Angesichts der umfassenden Forschungsarbeiten zum Phänomen der CAR in den letzten Jahren verwundert es, dass die Funktion der CAR noch weitestgehend im Dunkeln liegt. Zwar ist sie als immer stärker in den wissenschaftlichen Fokus gerückt und wird zunehmend als Biomarker für gesundheitliche Parameter genutzt, doch die Forschung steckt in vielerlei Hinsicht noch in Kinderschuhen. Dabei erschienen im Jahr 2014 einer Erhebung von Stalder und Kollegen (2015) zufolge fast 200 Studien zur CAR, wobei sich diese Zahl in den vorherigen sieben Jahren fast verdreifacht hat.

Die Zunahme der CAR-bezogenen Forschung ist auch durch die Nutzerfreundlichkeit der Messmethode begründet. So können die Probanden mittels Speichelprobe schmerz-, risikofrei und selbstständig die Erhebung durchführen und die Konzentration des Cortisols kann dann im Labor bestimmt werden. Trotz dieser Vorteile sollten mögliche Nachteile nicht vernachlässigt werden. Zwar thematisieren einige der Studien die zu erwartenden Ereignisse am Tag der Messung selber, doch ein möglicher Störfaktor blieb bisher unberücksichtigt: Die Antizipation der Messung an sich. Somit ist bis heute ungeklärt, ob und in welchem Maße diese Antizipation die CAR beeinflusst. Die Einzelfallstudie von Stalder und Kollegen (2009) zeigt beispielsweise zu Beginn des Messzeitraumes eine starke Variabilität der Aufwachzeiten, die sich erst im Laufe der Zeit verringert. Diese Erhebung deutet darauf hin, dass diese vielversprechende Messmethode auch kognitive Beanspruchung auslösen kann (z.B. Nervosität). Wird berücksichtigt, dass die Messung meistens von naiven Probanden ohne Erfahrungen mit dieser Erhebungsmethode durchgeführt wird, ist denkbar, dass durch diese Faktoren Störvarianz verursacht wird.

Diese Hypothese wird in dem vorliegenden Bericht untersucht. Vor der Beschreibung der Versuchsdurchführung wird ein Überblick zu Theorie und Forschung zum Thema der CAR gegeben. Daraufhin werden die Ergebnisse beschrieben, diskutiert und Grenzen der Studiendurchführung erörtert. Schlussfolgernd werden auch Implikationen für zukünftige Forschung abgeleitet.

2. Theoretischer und empirischer Hintergrund

Im Folgenden werden die theoretischen Hintergründe der Studie erklärt. Zuerst wird die Aufgabe des Hormons Cortisol erläutert und im Anschluss die CAR genauer betrachtet. Anschließend wird außerdem auf die bisherigen Theorien und den aktuellen Forschungsstand bezüglich der Funktion der CAR eingegangen.

2.1 Das Hormon Cortisol

Die Erfassung der CAR erfordert die Messung von Cortisol. Das Steroidhormon Cortisol ist für den Menschen lebensnotwendig und neben den Katecholaminen eines der wichtigsten Stresshormone. Cortisol gehört zu den Glucocorticoiden und ist in die Energiemobilisierung durch die Bereitstellung von Glucose sowie in viele weitere grundlegende Stoffwechselprozesse involviert. Es beeinflusst neben der Knochenbildung, dem Fettgewebs- und Eiweißstoffwechsel auch das Immunsystem (Lightman & Conway-Campbell, 2010). Außerdem hat Cortisol einen allgegenwärtigen Einfluss auf verschiedenste Bereiche des Zentralnervensystems.

Die Cortisolproduktion findet in der Zona Fasciculata in der Nebennierenrinde statt und wird über die Hypophysen-Hypothalamus-Nebennierenrinden-Achse (HHNA) gesteuert. Die oberste Instanz der HHNA, die das Nervensystem mit dem endokrinen System verbindet, ist der Hypothalamus. Dort wird das Corticotropin-releasing Hormon (CRH), das dann auf die Hypophyse einwirkt, im paraventrikularen Nucleus synthetisiert und pulsatil freigesetzt. Sobald CRH in die Hypophyse gelangt, wird dort die Synthese und Sekretion von Adrenocorticotropin (ACTH) gesteigert. ACTH beeinflusst dann in der Nebennierenrinde die Produktion von Cortisol. Um eine überschüssige Hormonausschüttung zu verhindern, wirken bei der HHNA negative Rückkopplungsmechanismen, sogenannte negative Feedbackschleifen. Cortisol wirkt hierbei hemmend auf den Hypothalamus sowie die Hypophyse und hemmt so seine eigene Produktion und Sekretion.

2.2 Die Cortisol-Aufwachreaktion

Der in dieser Studie untersuchte Cortisolspiegel weist einen zirkadianen Rhythmus auf. Normalerweise erreicht das Cortisollevel sein Maximum am frühen Morgen etwa zwischen 6:00 und 9:00 Uhr und sinkt dann kontinuierlich über den Tag ab, bis es in der ersten Nachthälfte sein Minimum erreicht (Wilhelm et al., 2007). Darüber hinaus ist ein starker Anstieg der Cortisolkonzentration im Speichel von 50 - 160% innerhalb der ersten 30-45 Minuten nach dem Aufwachen zu verzeichnen (Clow et al., 2004). Dieses Phänomen, das sich vom täglich wiederkehrenden Rhythmus der HHNA-Aktivität abhebt, wird Cortisol-Aufwachreaktion genannt. Die CAR weist eine relativ hohe intraindividuelle Stabilität auf und Zwillingsstudien haben gezeigt, dass sie zumindest teilweise genetisch determiniert ist (Wüst et al., 2000).

Verschiedene Untersuchungen legen nahe, dass die CAR unabhängig von täglichen Schwankungen in der HHNA-Aktivität ist. Gleichzeitig scheint sie mit verschiedenen psychophysiologischen Aufwachprozessen und somit mit dem Übergang von Schlaf- zu Wachzustand in Verbindung zu stehen. Dieser "booting"-Prozess, der die wichtigsten internalen und externalen Informationen wie Selbstkonzept sowie Orientierung in Raum und Zeit aktiviert, stimuliert möglicherweise die HHNA (Wilhelm et al., 2007).

2.3 Einflussfaktoren auf die Cortisol-Aufwachreaktion

Viele unterschiedliche Faktoren wurden hinsichtlich ihres Einflusses auf die CAR untersucht. Im Folgenden sollen mit Alter, Geschlecht, Schlafdauer und -qualität, Aufwachzeit und Lichtverhältnissen einige dieser Variablen thematisiert werden, dabei können diese angesichts der Fülle der Forschung nicht erschöpfend dargestellt werden.

Beispielsweise wurden bezüglich des Faktors Alter etwa in einer Studie signifikante Zusammenhänge gefunden (Kudielka und Kirschbaum, 2003), andere Studien fanden keine (Pruessner et al., 1997). Da sich die Studien in den Samplegrößen unterschieden und nur bei kleinen Stichprobengrößen Effekte gefunden wurden, wird angenommen, dass Alter keinen Einfluss auf die CAR hat. Zu ähnlichen Erkenntnissen gelangte man bei der Untersuchung des Geschlechts als Einflussfaktor. Zwar weisen Frauen eine stärkere und längere Ausprägung der CAR auf (Wright und Steptoe, 2005; Kunz-Ebrecht et al., 2004), aber auch beim Geschlecht sind die Befunde inkonsistent (Pruessner et al., 1997).

Die Befunde zu schlafbezogenen Faktoren, wie unter anderem Schlafdauer, Aufwachzeit und Schlafqualität, sind teilweise ebenfalls inkonsistent: Zwischen Schlafdauer und CAR konnte kein Zusammenhang gefunden werden (Pruessner et al., 1997). Allerdings ist es mit erheblichen Schwierigkeiten verbunden, die Schlafdauer korrekt zu messen, da man sich hier oft auf die Selbstbeobachtung der Probanden verlassen muss. Auch mehrfaches nächtliches Aufwachen scheint nicht mit der CAR assoziiert zu sein. Die Hypothese, dass durch das nächtliche Aufwachen schon mehr Cortisol aktiviert werden würde und die CAR deshalb niedriger ausfallen müsste, wurde widerlegt. Es zeigte sich, dass es keine Unterschiede in der CAR gab, egal ob die Probanden nachts einmal oder mehrmals geweckt wurden (Hucklebridge et al., 2000).

Ein bedeutender Befund bezüglich der Aufwachzeit ist, dass Menschen am Tag einer Frühschicht bei der Arbeit eine höhere CAR haben als am Tag einer Spätschicht oder eines freien Tages (Federenko et al., 2004). Des Weiteren konnte festgestellt werden, dass Menschen die im Allgemeinen früh aufwachen, eine höhere CAR haben, als solche, die später aufstehen (Kudielka et al., 2006). Die Aufwachzeit scheint also in jedem Fall einen gewissen Einfluss auf die CAR zu haben. Auch das Wissen der Probanden über eine bestimmte Aufwachzeit beeinflusste ihre CAR (Born et al., 1999). In dem Experiment von Born (1999) wurden die Studienteilnehmer zu einer bestimmten Uhrzeit, die sie entweder wussten oder nicht wussten, geweckt. Es zeigte sich, dass bei den Probanden, die schon wussten, zu welcher Uhrzeit sie geweckt werden würden, schon eine Stunde vor diesem Zeitpunkt das ACTH im Blut anstieg.

Bei der Frage nach der Schlafqualität wurden vor allem die Lichtverhältnisse zum Zeitpunkt des Aufwachens betrachtet. Hier zeigte sich, dass die CAR bei Helligkeit stärker ausfiel als beim Aufwachen im Dunkeln (Thorn et al., 2004). Insgesamt deutet die bisherige gering replizierte aber dennoch breite Forschungslandschaft darauf hin, dass die CAR eine geringe Variabilität aufweist und von Trait-Faktoren nicht stark beeinflusst wird (Kudielka und Wüst, 2010).

2.4 Funktion der Cortisolaufwachreaktion

Obwohl zum Phänomen der CAR schon viele Studien veröffentlicht wurden, ist die exakte Funktion noch immer nicht bekannt. Eine mögliche Hypothese ist, dass der Cortisolanstieg mit der Aktivierung prospektiver Erinnerungen, sowie der Orientierung in Raum und Zeit beim Aufwachen einher geht (Wilhelm et al., 2007). Der Hippocampus, der für die neuronale Repräsentation der Außenwelt, sowie für die Verarbeitung von Informationen bezüglich Raum, Zeit und Umweltreizen zuständig ist, nimmt hierbei eine entscheidende Rolle ein. Wahrscheinlich spielt der Hippocampus also eine Schlüsselrolle bezüglich der Regulation der CAR. Interessanterweise korreliert das Hippocampusvolumen auch stark mit der Stärke der CAR (Pruessner et al., 2007). Gestützt wird die Hypothese außerdem dadurch, dass bei Patienten mit Hippocampusläsion keine CAR beobachtet werden kann (Buchanan et al., 2004).

Abgesehen von der neuronalen Ebene wird hauptsächlich angenommen, dass die Antizipation der Anforderungen des kommenden Tages die Variationen in der Stärke der CAR bedingt. Diese Hypothese wird durch verschiedene Studienergebnisse gestützt: Nach einem kurzen Nachmittagsschlaf von etwa zwei Stunden konnte keine CAR bei den Probanden festgestellt werden (Federenko et al., 2004). Dieses Ergebnis legt nahe, dass die CAR nur morgens auftritt, wenn ein Individuum direkt mit den vielen verschiedenen Anforderungen des Tages konfrontiert wird. Weiterhin wurde festgestellt, dass bei höheren Anforderungen, wie etwa einem Werktag, die CAR höher ausfällt als an einem Wochenendtag (Thorn et al., 2006). Konsistent mit diesem Ergebnis wurde in einer anderen Studie festgestellt, dass bei Tänzern am Tag eines Wettbewerbs eine höhere CAR auftrat, als an einem normalen Tag (Rohleder et al., 2007). Bei dieser Betrachtung des Gesamtkontextes von den Tagen vor und nach der Messung, lässt sich feststellen, dass besonders subjektive negative Ereignisse (Einsamkeit, negative Gefühle oder Kontrollverlust) am Vortag einer CAR Messung (Adam et al., 2006) auch einen verstärkenden Einfluss auf die CAR ausüben. Physisch scheint diese anpassungsfähige CAR mit verringerter Ermüdung und erhöhter Energie einherzugehen (Adam et al., 2006; Fries et al., 2009; Thorn et al., 2011). Ob die CAR gleichzeitig kognitive und physische Verbesserungen mit sich bringt, ist noch fraglich.

Des Weiteren wurde mit verschiedenen Analysemethoden der jeweilige Einfluss von State- und Trait-Faktoren auf die CAR berechnet. Hier wurde herausgefunden, dass die CAR vor allem durch State-Faktoren beeinflusst wird, was wiederum bedeutet, dass die Variationen in der Stärke der CAR durch situationsspezifische Anpassungen entstehen (Hellhammer et al., 2007). Diese Beobachtungen bestätigen die Hypothese, dass die Antizipation des folgenden Tages essentiell für die Regulation der CAR ist. Andererseits wurden bei Athleten im Vorfeld eines Wettbewerbs keine Effekte auf die CAR beobachtet (Strahler et al., 2010), sodass die komplexe Beziehung zwischen psychologischer Antizipation und der Auswirkung auf die CAR bisher noch unklar bleibt und noch weiter zu erforschen ist. In anderen Studien korrelierten die Messwerte des State-Trait-Anxiety-Inventory mit der CAR (Duan et al., 2013; Therrien et al., 2008). Aus diesen Ergebnissen könnte man schlussfolgern, dass die Antizipation eines belastenden Ereignisses die CAR beeinflusst. Bisher wird jedoch vermutet, dass die CAR eine vorbereitende homöostatische Rolle bei besonderen Herausforderungen am Folgetag spielt (Adam et al., 2006; Fries et al., 2009). Dennoch ist weitere Forschung in Bezug auf die CAR empfehlenswert, um die CAR und ihre Rolle in Bezug auf die menschliche Gesundheit besser zu verstehen. Diese Studie soll einen Beitrag dazu leisten, den Einfluss der Antizipation von Stress auf die CAR zu klären.

In der Zukunft sind nun weitere Studien notwendig, die sich eingehender mit der Rolle des Hippocampus sowie der Erhöhung der CAR durch Antizipation widmen, um letztendlich zu verstehen, wie die CAR zustande kommt und beeinflusst werden kann.

3. Fragestellung und Hypothesen

Die Messung des Cortisol im Speichel soll Aufschluss über die CAR in verschiedenen Bedingungen geben. Das Ziel der Studie ist einerseits, eine erhöhte Antizpation der Cortisolmessung hervorzurufen, indem die Messung den Probanden bekannt ist. Dann ist herauszufinden, ob diese Antizipation einen Einfluss auf die CAR hat. Daraus lässt sich die folgende Hauptforschungshypothese ableiten:

Forschungsfrage

Weisen die Probanden in der Bedingung der bekannten Messung eine höhere oder niedrigere CAR auf als am Tag der unbekannten Messung?

Statistisches Hypothesenpaar

H_0: $\mu_{CAR\ angekündigte\ Messung} = \mu_{CAR\ unangekündigte\ Messung}$

H_1: $\mu_{CAR\ angekündigte\ Messung} \neq \mu_{CAR\ unangekündigte\ Messung}$

Operationalisiertes Hypothesenpaar

H_0: Es existieren keine Unterschiede zwischen der CAR der angekündigten und der CAR der unangekündigten Messung

H_1: Es existieren Unterschiede zwischen der CAR der angekündigten und der CAR der unangekündigten Messung

Bezüglich der Alternativhypothese wäre zum einen eine positive Abweichung vorstellbar, da vorherige Forschung gezeigt hat, dass bei antizipiertem Stress eine ausgeprägtere CAR auftritt ($\mu_{CAR\ angekündigte\ Messung} > \mu_{CAR\ unangekündigte\ Messung}$). Denkbar wäre andererseits auch, dass die CAR zur unangekündigten Messung stärker ausfällt, da in diesem Fall die Messung einen stärkeren Stressor darstellt ($\mu_{CAR\ angekündigte\ Messung} < \mu_{CAR\ unangekündigte\ Messung}$).

Neben dieser Haupthypothese wird außerdem der Effekt ausgesuchter intraindividueller Faktoren auf die CAR untersucht. Der Fokus liegt dabei auf der durch den STAI-Fragebogen erhobenen Ängstlichkeit.

4. Methodik

Im folgenden Abschnitt sollen die methodischen Aspekte der Untersuchung erläutert werden. Dazu werden zunächst das Untersuchungsdesign und die Stichprobe beschrieben. Des Weiteren wird auf den genauen Ablauf der Untersuchung, die Messmethoden und verwendete Materialien eingegangen, bevor es schließlich um die Darstellung der statistischen Analyse geht.

4.1 Untersuchungsdesign

Zur Überprüfung der oben genannten Hypothesen wurde ein einfaktorielles univariates Within-Subject-Design mit Messwiederholung verwendet. Die Antizipation der CAR-Messung wurde als unabhängige Variable über die Festlegung einer bekannten beziehungsweise einer unbekannten Messung operationalisiert. Die CAR wurde als abhängige Variable über die Speichelcortisolkonzentration zum Aufwachzeitpunkt beziehungsweise 30 Minuten danach operationalisiert.

Die zwei Messungen lagen in einem Zeitraum von einer Woche. Die Zuteilung der Probanden zu den zwei Gruppen erfolgte randomisiert, um Sequenzeffekte auszuschließen. Probanden der Gruppe 1 war die erste Messung bekannt, während Probanden der Gruppe 2 die erste Messung unbekannt war.

4.2 Stichprobe

Für die Studie standen 26 Psychologiestudierende und eine Auszubildende als Versuchspersonen zur Verfügung (8 männliche und 19 weibliche), mit einem Durchschnittsalter von 22.4 Jahren, wobei eine Spanne von 20 bis 35 Jahren abgedeckt wurde. Es wurden keine Ausschlusskriterien festgelegt.

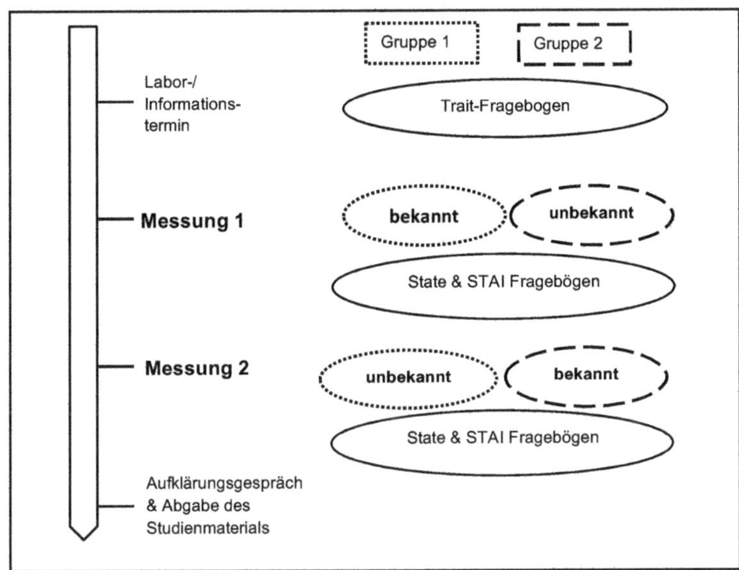

Abb. 1: Studienablauf

4.3.1 Labortermin

Die Probanden wurden für einen ersten Termin ins Labor eingeladen. Dort wurden sie in die Studie eingeführt und über den Ablauf informiert. Dieses Erstgespräch dauerte ungefähr 30 Minuten. Nach der Begrüßung wurden Thema und Ablauf der Studie erläutert und die Speichelprobenentnahme demonstriert. Die Probanden wurden instruiert nach dem Aufwachen bis zur Entnahme der zweiten Speichelprobe wach zu bleiben, sich nicht übermäßig körperlich zu betätigen, nicht zu rauchen, zu essen, oder Zähne zu putzen und nur Wasser zu trinken. Nachdem die Fragebögen kurz vorgestellt wurden und der Proband über alle Risiken und Bedingungen informiert war, wurde die Einverständniserklärung unterschrieben. Die Aufwachzeiten des Probanden wurden erhoben und der Termin für die bekannte Messung festgelegt. Für die unbekannte Messung bekamen die Probanden nur einen Zeitraum von einer Woche genannt. Es lag mindestens ein Tag zwischen der bekannten und der unbekannten Messung. Eine Zusammenfassung der wichtigsten Punkte erhielten die Probanden in Form des Studienpakets inklusive der Fragebögen und Salivetten.

4.3.2 Messung

In der auf den Labortermin folgenden Woche sollten die Probanden am Tag der bekannten Messung selbstständig direkt nach dem Aufwachen die erste Speichelprobe und

30 Minuten nach dem Aufwachen die zweite Speichelprobe entnehmen. Sie erhielten am Abend vorher eine Erinnerungsnachricht per SMS. Dies war ein Versuch, die Antizipation der Messung zu verstärken. Am Tag der unbekannten Messung wurden die Probanden per Anruf geweckt und sollten darauf hin selbstständig die zwei Messungen vornehmen.

Waren die Probanden zum Zeitpunkt des Anrufs am Tag der unbekannten Messung schon wach, sollte die Messung auf einen anderen Tag verschoben werden. Sowohl am Tag der bekannten als auch am Tag der unbekannten Messung sollten die Probanden nach der zweiten Speichelentnahme jeweils zwei Fragebögen ausfüllen. Bis zum ausgemachten Abschlusstermin sollten die Probanden die Speichelproben im Kühlfach beziehungsweise im Kühlschrank aufbewahren.

4.3.3 Abgabe der Proben

Zum Aufklärungsgespräch brachten die Probanden sowohl die Speichelproben als auch die ausgefüllten Fragebögen mit und wurden über die Ziele und Hypothese der Studie informiert.

4.4 Spezifische Beschreibung einzelner Messmethoden

4.4.1 Erfassung des Speichelcortisols

Die Speichelentnahmen fanden an zwei Terminen zu jeweils zwei Messzeitpunkten statt. Die erste Entnahme sollte unmittelbar nach dem Aufwachen, die zweite Entnahme dreißig Minuten nach dem Aufwachen statt finden. Dazwischen durften die Probanden außer Wasser nichts zu sich nehmen und keinen Sport treiben.

Für die Entnahmen erhielten die Probanden beim ersten Termin insgesamt vier beschriftete Salivetten der Firma Sarstedt (Nümbrecht). Die Beschriftung erlaubte eine Zuordnung der Salivetten zu den Versuchspersonen, außerdem war für den Proband somit klar ersichtlich, welche Salivette zu welchem Messzeitpunkt genutzt werden sollte.

Zur quantitativen in- vitro- Bestimmung des freien Cortisols im Speichel wurde das Chemilumineszenz Immunoassay der Firma IBL International (Hamburg) verwendet. Die Proben wurden bis zur fachgerechten Analyse im Labor bei - 20 Grad gelagert. Nach dem Auftauen wurden die Proben drei Minuten bei 3000 rmp zentrifugiert. Grundlegendes Prinzip des Immunoassays ist, dass die unbekannte Menge an Antigen in der Probe mit der bekannten Menge an enzymmarkierten Antigen um die Bindungsstelle des an den Well gebundenen Antikörpers konkurriert. Nicht gebundenes Antigen wird durch Waschen entfernt. Die erhaltene Lumineszenzeinheiten geben mittels Standardkurven Auskunft über die Konzentration des Cortisols.

4.4.2 Selbstberichtsdaten

Mit Hilfe des Trait- Fragebogens wurden diverse statistisch möglicherweise relevante Daten wie Alter, Geschlecht, Größe, Familienstand und derzeitige Tätigkeit erhoben. Die Durchführung erfolgte einmalig zum Informationstermin.

4.4.3 State- Fragebogen

Zur Erfassung zusätzlicher Informationen sollten die Versuchspersonen einen State-Fragebogen ausfüllen. Anhand einer vierstufigen Likert- Skala sollten Belastungen am Vor-/ Folgetag, erlebte Beeinträchtigung der alltäglichen Routine, Stärke der Antizipation der Messung und Alkoholkonsum bewertet werden. Die Antizipation wurde über das Item, wie sehr die Probanden vorher an die Messung gedacht haben, gemessen. Die vierstufige Skala wurde gewählt, um die zentrale Tendenz auszuschließen. Der Fragebogen verfügte außerdem über zehnstufige Likert-Skalen für die Items der Schlafqualität und Lichtintensität beim Aufwachen.

4.4.4 State-Trait-Anxiety-Inventory (STAI)

Der State-Trait-Anxiety-Inventory ist ein Verfahren, das in der experimentellen Angst- und Stressforschung eingesetzt wird und auf der Unterscheidung zwischen Angst als Zustand und Angst als Eigenschaft basiert. Die ursprüngliche amerikanische Version wurde von Spielberger et al. (1973) entwickelt und findet sowohl in der Forschung als auch im klinischen Kontext Anwendung (American Psychological Association, APA). Laux et al. (1981) entwickelten das deutschsprachige Pendant. Der Fragebogen umfasst jeweils 20 Items zur Beurteilung von Angst als Zustand und Angst als Eigenschaft (Testzentrale des Hogrefeverlags). Angst "als vorübergehender emotionaler Zustand, der in seiner Intensität über Zeit und Situation variiert" (Testzentrale des Hogrefe Verlags) wird als State-Angst beschrieben. Trait-Angst beziehungsweise Ängstlichkeit bezeichnet eher "Angst als relativ überdauerndes Persönlichkeitsmerkmal" und "bezieht sich [...] auf individuelle Unterschiede in der Neigung zu Angstreaktionen" (Testzentrale des Hogrefe Verlags). Hohe STAI-Werte sind ein Indikator für Angst/Ängstlichkeit (APA).

Anhand von ausgewählten Items des STAI wurde das allgemeine Befinden der Versuchspersonen an beiden Messtagen jeweils nach der zweiten Messung erhoben. Für die vorliegende Studie wurde eine gekürzte Fassung des Fragebogens verwendet. Dieser umfasst 20 der 40 Aussagen zum Gemütszustand am Morgen der Messung, denen die Versuchspersonen mittels einer vierstufigen Likert-Skala mehr oder weniger zustimmen konnten. Auch hier wurde eine vierstufige Skala gewählt, um die zentrale Tendenz auszuschließen.

4.4.5 Manipulation der Antizipation

Die Cortisol-Messungen erfolgten an zwei Tagen. Ein Termin wurde vorher vereinbar. Am Abend vor der bekannten Messung erhielten die Probanden zusätzlich eine Erinnerungsnachricht per SMS, um die Antizipation der Messung zu verstärken. Die zweite Messung sollte ohne vorherige Ankündigung ablaufen. Die Frage nach dem Denken an die Messung im Vorfeld war eine Möglichkeit die Manipulation der Antizipation zu überprüfen.

4.4.6 Erhöhung der Compliance

Durch eine Checkliste sollte die Compliance der Studienteilnehmer erhöht werden. Durch eine hohe Compliance, auch Regeltreue genannt, kann die Qualität der Messung gesichert werden. Sie dient der Vorbeugung von Datenverlust und inadäquater Datengenerierung beispielweise durch fehlerhafte Probenentnahme. Die Checkliste beinhaltete Fragen zur korrekten Durchführung der Messung (siehe Anhang).

4.5 Statistische Analyse

Zur Analyse der Daten wird IBM SPSS Statistics Version 23 verwendet. Um einen ersten Eindruck der Cortisolwerte der Stichprobe zu erhalten, wird eine explorative Datenanalyse durchgeführt, in deren Rahmen zum Beispiel anhand des Boxplots eventuelle Ausreißer erkannt werden können. Zusätzlich wird anhand von Korrelationsmatrixen der Zusammenhang der erhobenen Variablen untersucht.

Um eine Varianzanalyse zur Prüfung der Haupthypothese durchführen zu können, müssen zunächst die Voraussetzungen für dieses Verfahren geprüft werden. Bezüglich der Annahme der Normalverteilung wird der Shapiro-Wilk-Test berechnet, da er im Vergleich zum Kolmogorov-Smirnoff bei geringer Stichprobengröße besser geeignet ist. Der außerdem im Verlauf der Varianzanalyse durchzuführende Mauchly-Test auf Sphärizität ist erst ab drei Messzeitpunkten notwendig und somit für diese Analyse nicht relevant. Bei gültigen Voraussetzungen wird eine Varianzanalyse mit Messwiederholung mit den beiden zweistufigen Innersubjektfaktoren Zeit (direkt nach dem Aufwachen und 30 Minuten später) und Bedingung (angekündigte oder unangekündigte Messung) berechnet.

Darüber hinaus werden konkret die Daten des STAI-Fragebogen untersucht. Um eventuelle Unterschiede zwischen den Bedingungen aufzudecken, wird ein Mittelwertvergleich durchgeführt. Im Falle einer verletzten Normalverteilungsannahme wird der Wilcoxon-Test als Pendant zum t-Test verwendet. Die Kodierung des STAI-Fragebogens erfolgte nach den zugehörigen Richtlinien. Bei einem fehlenden Wert wurde die Summe durch 19 geteilt und mit 20 multipliziert.

Als letztes soll analysiert werden, ob sich die Variable "Denken an die Messung im Voraus" in der Bedingung der Ankündigung der Messung unterscheidet. Auch hier wird bei verletzter Normalverteilungsannahme der Wilcoxon-Test berechnet.

5. Ergebnisse

Im Folgenden werden aufbauend auf die statistischen Analysen, die Ergebnisse mit Kennwerten präsentiert. Dazu werden neben den allgemeinen deskriptiven Statistiken außerdem die Ergebnisse der Varianzanalyse und der Analyse weiterer Einflussmöglichkeiten thematisiert.

5.1 Deskriptive Statistik

Allgemein kann man feststellen, dass von den Versuchspersonen nach den Richtlinien von Miller et. al (2013) pro Messtag nur zwei Probanden mit einem Anstieg des Cortisollevels unter 1.5 nmol/l als Non-Responder eingeordnet werden müssen.

Der Mittelwert der Differenz zwischen den beiden Messzeitpunkten betrug am Tag der unangekündigten Messung 8.16 nmol/l (SD = 5.36) und 8.15 nmol/l (SD = 6.13) zur angekündigten Messung. Für die Überprüfung von Ausreißern gab ein Boxplot keinen Hinweis auf auszuschließende Probanden.

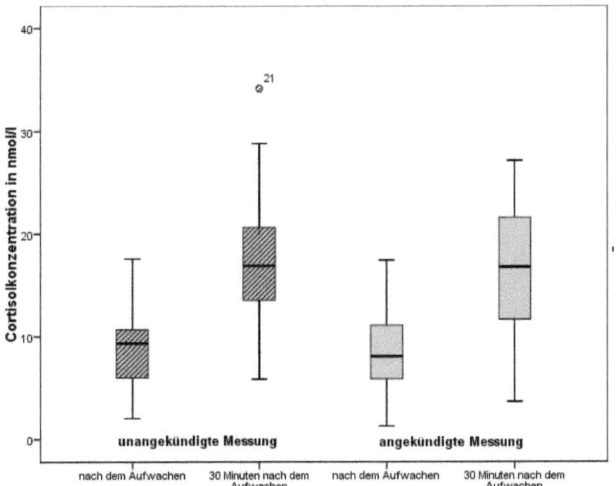

Abb. 2: Boxplot Cortisolkonzentration

Für einen Überblick zu den erhobenen Variablen und deren Zusammenhänge wurde eine Korrelationsmatrix erstellt, die für die angekündigte Messung eine positiv signifikante Korrelation (r = .43, p < .05) zwischen dem Anstieg der Cortisolkonzentration und dem

Alkoholkonsum ergab. Weitere Zusammenhänge zwischen der Differenz der Cortisolwerte und den restlichen Variablen konnten nicht festgestellt werden. Die STAI-Werte korrelierten signifikant negativ mit der Schlafqualität (r = -.55, p < .05) und positiv mit belastenden Ereignissen am Messtag (r = .49, p < .05).

In der Bedingung der unangekündigten Messung wies die Matrix keine signifikanten Korrelationen zwischen dem Anstieg der Cortisolwerte und den weiteren Faktoren auf. Allerdings korrelierten STAI-Werte signifikant ebenfalls negativ mit der Schlafqualität (r = -.48, p < .05) und positiv mit belastenden Ereignissen am Tag der Messung (r = .49, p < .05) und der empfundenen Beeinträchtigung in der Routine der Probanden (r = .44, p < .05). Weitere signifikante Korrelationen, wie zum Beispiel zwischen Alkoholkonsum und schlafbezogenen Variablen wurden für unsere Fragestellung als nicht relevant erachtet.

5.2 Varianzanalyse zur Haupthypothese

In der Bedingung der unangekündigten Messung ermittelte der Shapiro-Wilk-Test weder für den Messzeitpunkt direkt nach dem Aufwachen (F(27) = .96, p > .05), noch für den zweiten Messzeitpunkt (F(27) = .97, p > .05) signifikante Kennwerte. Auch für die angekündigte Messung lässt der Test beim ersten (F(27) = .98, p > .05) und zweiten Messzeitpunkt (F(27) = .97, p > .05) auf normalverteilte Daten schließen. Somit war die Normalverteilungsannahme erfüllt.

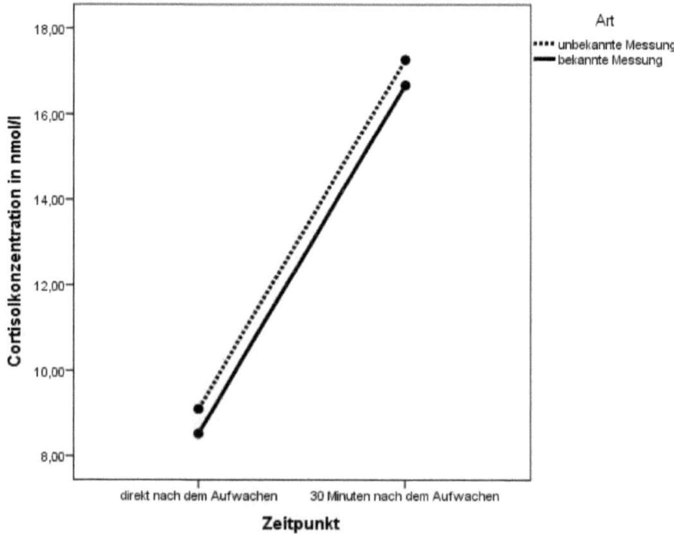

Abb. 3: Durchschnittlicher Anstieg der Cortisolwerte

Die Durchführung der ANOVA mit Messwiederholung führte zu einem hoch signifikanten Effekt des Zeitpunktes der Messung ($F(1,26) = 68.55$, $p < .01$, $\eta^2 = .725$). Der Effekt der Bedingung der Messung ($F(1,26) = .34$, $p > .05$). und der Interaktionsterm Zeitpunkt x Bedingung ($F(1,26) = .00$, $p > .05$) waren allerdings nicht signifikant.

5.4 Mögliche Einflussfaktoren

Der Wilcoxon-Test ergab keinen signifikanten Unterschied zwischen den angekündigten und unangekündigten STAI-Werten ($U = -.70$, $p > .05$). Aus diesem Grund wurde auf weitere Analysen verzichtet.

Das gleiche Verfahren wurde für das Item durchgeführt, welches erfassen sollte wie stark die Probanden im Voraus an die Messung gedacht haben. Die Mittelwerte unterschieden sich ebenfalls nicht signifikant voneinander ($U = -.76$, $p > .05$).

6. Diskussion

Im abschließenden Teil des Berichts werden die Ergebnisse zusammengefasst, bewertet und in den Kontext der aktuellen Forschung gesetzt, sowie Grenzen der Studiendurchführung erörtert.

6.1 Zusammenfassung der Ergebnisse

6.1.1 Fazit zur Haupthypothese

Erste deskriptive Analysen und eine vertiefende Varianzanalyse mit Messwiederholung zeigten, dass die Haupthypothese nicht bestätigt werden konnte. Die Bekanntheit der Messung hatte keine signifikante Auswirkung auf die CAR-Werte der Probanden. Der Zeitpunkt der Messung wirkte sich jedoch auf die CAR-Werte aus. Zum zweiten Messzeitpunkt (30 Minuten nach dem Aufwachen) stiegen die Cortisolwerte signifikant an. Das bestätigt das Vorhandensein der Cortisol-Aufwachreaktion und zeigt, dass sie zuverlässig erhoben werden konnte.

6.1.2 Einflussfaktoren auf die CAR

Keiner der zusätzlich erhobenen Faktoren wies eine signifikante Korrelation mit der CAR auf, mit Ausnahme von Alkoholkonsum in der angekündigten Bedingung. Diese lag zwar im mittleren positiven Bereich, da sie aber nur in der einen Bedingung auftrat und dafür keine plausible Erklärung gefunden werden kann, gehen wir davon aus, dass dieser Befund für unsere Hypothese keine Rolle spielt. Die Forschung zum Einfluss von Alkoholkonsum auf die CAR ist zwar noch wenig umfangreich, deutet prinzipiell aber eher auf einen negativen Zusammenhang hin (Stalder et. al, 2009).

Ein Einfluss der Ängstlichkeit auf die Differenz der Cortisolwerte konnte in dieser Studie, entgegen Ergebnissen anderer Studien des bisherigen Forschungsstandes, nicht nachgewiesen werden (Duan et al., 2013; Therrien et al., 2008). Anfängliche Korrelationsanalysen zeigten in keiner Bedingung eine signifikante Beziehung zu den Cortisoldifferenzen. Durch den Mittelwertvergleich wird klar, dass sich die STAI-Werte in den beiden Bedingungen nicht signifikant voneinander unterscheiden.

6.1.3 Betrachtung der STAI-Werte

Die Korrelationen zwischen STAI und verschiedenen Faktoren des Schlafes und der Belastung deuten auf eine gelungene Erhebung der Maße hin. So hing eine höhere Ausprägung von Ängstlichkeit mit schlechtem Schlaf und Belastung am Messtag zusammen, während niedrigere STAI-Werte eher mit hoher Schlafqualität und geringer Belastung assoziiert sind. Probanden mit höheren STAI-Werten gaben außerdem eine stärkere Beeinträchtigung in ihrer Routine an.

Diese situationsbedingte Ängstlichkeit könnte ein Hinweis auf negative Aufregung bezüglich eines belastenden Ereignis am Messtag und somit auf einen Zusammenhang mit Antizpation darstellen. Mögliche Gründe dafür, dass keine Verbindung zur CAR festgestellt werden konnte, werden in der Diskussion umrissen.

6.1.4 Antizipation

Die Bekanntheit der Messung beeinflusste zudem auch nicht das Denken im Voraus an die Messung. Somit kann davon ausgegangen werden, dass die Manipulation nicht sehr wirksam war.

6.2 Erklärungen für fehlende Signifikanz

6.2.1 Stichprobengröße

Ein nicht zu leugnender hemmender Faktor bei der Studiendurchführung war die geringe Stichprobengröße bedingt durch den organisationalen Rahmen des experimentalpsychologischen Praktikums. Da es generell extrem schwer ist, bei so wenigen Probanden signifikante Ergebnisse zu erreichen, ist es durchaus denkbar, dass mit einer höheren Versuchspersonenzahl Signifikanz aufgetreten wäre.

6.2.2 Manipulation

Auch die Operationalisierung der unabhängigen Variable der Antizipation kann kritisiert werden. Möglicherweise war die Manipulation der Bekanntheit nicht sonderlich erfolgreich, in dem Sinne dass die angekündigte Messung nicht stärker antizipiert wurde als die unangekündigte Messung. Darauf deutet auch das nicht signifikante Ergebnis zum Item

"Denken an die Messung" hin. Der Wilcoxon-Test lässt darauf schließen, dass die Probanden bei der angekündigten Bedingung die Messung nicht wie erhofft stärker antizipierten.

Da nur der Zeitraum von einer Woche für die Messung zur Verfügung stand, hatten die Probanden außerdem wahrscheinlich nicht genug Zeit, die Messung überhaupt erst einmal zu vergessen. Es wäre von Vorteil gewesen, den Messzeitraum über mehrere Monate zu erstrecken, so dass die Wahrscheinlichkeit, an einem bestimmten Tag durch den Anruf geweckt zu werden, geringer gewesen wäre.

6.2.3 Probanden

Ebenfalls den begrenzten Möglichkeiten unserer Studie geschuldet, war es nicht möglich die Compliance der Versuchspersonen extern zu kontrollieren, wodurch es möglicherweise zu fehlerhaften Messungen kam. Ursprünglich war der Einsatz abgelaufener MEMS Kapseln geplant, konnte dann aber nicht umgesetzt werden. Zwar sprechen die Anstiege der Cortisolwerte zwischen dem ersten und zweiten Messzeitpunkt an den zwei Tagen für eine relativ zuverlässige Messung, aber ohne eine objektive Erhebung der Zeitpunkte von Erwachen und den Speichelprobenentnahmen können wir nicht sicher davon ausgehen, dass alle Anweisungen korrekt befolgt wurden. Erschwerend kommt hinzu, dass unsere Studie einen relativ hohen Aufwand für die Versuchspersonen bedeutete, für den keine Aufwandsentschädigung gezahlt wurde. Wir waren also auf die Gewissenhaftigkeit der Probanden angewiesen. Es kann allerdings festgestellt werden, dass die Probanden im Durchschnitt eine Beeinträchtigung in der Routine zwischen "gar nicht" und geringfügig" angaben und sich nur drei (unangekündigte Bedingung) bzw. ein Proband (angekündigte Bedingung) stark in ihrer Routine beeinträchtigt fühlten. Dies bestätigt, dass wir den Aufwand wenigstens im Bezug auf die alltägliche Routine für die Probanden minimal halten konnten.

Darüber hinaus handelte es sich wie in fast allen psychologischen Studien bei den Teilnehmern fast ausschließlich um Psychologiestudenten, so dass unsere Stichprobe nicht als repräsentativ für die Grundgesamtheit bezeichnet werden kann. Es wird auch in Betracht gezogen, dass die Probanden nicht naiv waren und unsere Hypothesen schon vermuten konnten. Jegliche Ergebnisse können also nicht verallgemeinert werden.

6.2.4 Methoden

Sämtliche Variablen außer den Cortisolwerten wurden durch Selbstauskunft erhoben, so dass hier alle möglichen Effekte von Erhebungen mit Fragebögen auftreten können. Ob die Fragebögen zum richtigen Zeitpunkt und wahrheitsgemäß ausgefüllt wurden, ist ungewiss und lässt einen gewissen Spielraum für fehlerhafte Ergebnisse. Besonders das Item "Denken an die Messung", welches uns als Manipulationscheck diente, ist kritisch zu betrachten. Möglicherweise war es für die Probanden zum einen schwer, das Ausmaß an Antizpation objektiv einzuschätzen und zum anderen weichen die Definitionen von "wenig" oder "stark" bekanntermaßen interindividuell voneinander ab.

6.3 Alternativerklärung der Effekte von State- und Traitfaktoren

Für die zusätzlich erhobenen Variablen kamen, mit der Ausnahme von Alkohol in der angekündigten Bedingung, keine signifikanten Ergebnisse zustande. Dies kann positiv bewertet werden, da es darauf hindeutet, dass unsere Messung relativ unbeeinflusst von äußeren und inneren Faktoren war und die CAR unabhängig von ihnen stabil auftritt.

6.4 Ausblick und Implikationen für die Forschung

Das Thema der vorliegenden Studie wurde in dieser Form noch nicht untersucht und wird trotz des Ausbleibens signifikanter Effekte von den Autoren als lohnenswerte Perspektive auf die Erhebung der CAR eingeschätzt.

Zukünftige Studien sollten zum einen größere Stichproben rekrutieren und zum anderen die Manipulation der unabhängigen Variable verstärken. Dies könnte dadurch erreicht werden, dass sich der Messzeitraum über einen längeren Zeitpunkt erstreckt, so dass die unbekannte Messung tatsächlich relativ unerwartet auftritt. Die Antizipation der bekannten Messung könnte womöglich durch eine stärkere Erinnerung an die Messung und ausführlichere Betonung der Wichtigkeit der korrekten Erhebung ausgelöst werden. Sollte die Möglichkeit bestehen, könnte man auch eine Erhebung im Schlaflabor in Betracht ziehen, welche einen seriöseren Eindruck macht und die Antizpation verstärken könnte. Diese beispielhaften Maßnahmen sollten zum Ziel haben, die Bekanntheit bzw. Unbekanntheit der Messung zu maximieren.

Bei ausreichend großer Stichprobe mit randomisierter Zuweisung zu Kontroll- und Versuchsgruppe könnte man auch einen interindividuellen Vergleich erwägen. So wäre der Effekt der unbekannten Messung isoliert betrachtbar und eventuelle Reihenfolge- oder Sequenzeffekte müssten nicht berücksichtigt werden.

Im Gegensatz zu der vorliegenden Studie sollten lieber nur ausgewählte Zusatzfaktoren einbezogen werden und ein eindeutiges Ziel formuliert werden, zum Beispiel dazu, ob bisherige Forschungsergebnisse repliziert oder noch unklare Zusammenhänge untersucht werden sollen.

7. Literaturverzeichnis

Adam, E.K. (2006). Transactions among adolescent trait and state emotion and diurnal and momentary cortisol activity in naturalistic settings. *Psychoneuroendocrinology, 31*, 664–679.

Born, J., Hansen, K., Marshall, L., Molle, M. & Fehm, H.L. (1999). Timing the end of nocturnal sleep. *Nature, 397*, 29–30.

Buchanan, T.W., Kern, S., Allen, J.S., Tranel, D. & Kirschbaum, C. (2004). Circadian regulation of cortisol after hippocampal damage in humans. *Biological Psychiatry, 56*, 651–656.

Clow, A., Thorn, L., Evans, P. & Hucklebridge, F. (2004). The awakening cortisol response: methodological issues and significance. *Stress, 7*, 29–37.

Duan, H., Yuan, Y., Zhang, L., Qin, S., Zhang, K. & Buchanan, T. W., Wu, J. (2013). Chronic stress exposure decreases the cortisol awakening response in healthy young men. *Stress, 16*, 630-637.

Federenko, I.,Wust, S., Hellhammer, D.H., Dechoux, R., Kumsta, R. & Kirschbaum, C. (2004). Free cortisol awakening responses are influenced by awakening time. *Psychoneuroendocrinology, 29*, 174–184.

Fries, E., Dettenborn, L. & Kirschbaum, C. (2009). The cortisol awakening response (CAR): Facts and future directions. *International Journal of Psychophysiology, 72*, 67–73.

Fries, E., Hesse, J., Hellhammer, J. & Hellhammer, D.H. (2005). A new view on hypocortisolism. *Psychoneuroendocrinology, 30*, 1010–1016.

Hellhammer, J., Fries, E., Schweisthal, O.W., Schlotz,W., Stone, A.A. & Hagemann, D. (2007). Several daily measurements are necessary to reliably assess the cortisol rise after awakening: state- and trait components. *Psychoneuroendocrinology, 32*, 80–86.

Hogrefe Verlag (n.d.). *Testzentrale - Das State-Trait-Angstinventar.* Abruf am 01.07.2016 unter https://www.testzentrale.de/shop/das-state-trait-angstinventar.html

Hucklebridge, F., Clow, A., Rahman, H. & Evans, P. (2000). The cortisol response to normal and nocturnal awakening. *Journal of Psychophysiology, 14*, 24–28.

Kudielka, B.M. & Kirschbaum, C. (2003). Awakening cortisol responses are influenced by health status and awakening time but not by menstrual cycle phase. *Psychoneuroendocrinology, 28*, 35–47.

Kudielka, B.M., Federenko, I.S., Hellhammer, D.H. & Wüst, S. (2006). Morningness and eveningness: the free cortisol rise after awakening in early birds and night owls. *Biological Psychology, 72*, 141–146.

Kudielka, B. M. & Wüst, S. (2010). Human models in acute and chronic stress: Assessing determinants of individual hypothalamus–pituitary–adrenal axis activity and reactivity. *Stress: Stress, 13*, 1-14.

Kunz-Ebrecht, S.R., Kirschbaum, C. & Steptoe, A. (2004). Work stress, socioeconomic status and neuroendocrine activation over the working day. *Social Science & Medicine, 58*, 1523–1530.

Laux, L., Glanzmann, P. G., Schaffner, P.; Spielberger, C. D. (1981) Das State-Trait-Angstinventar : STAI; theoretische Grundlagen und Handanweisung

Lightman, S. L. & Conway-Cambell, B. L. (2010). The crucial role of pulsatile activity of the HPA axis for continuous dynamic equilibration. *Nature Reviews, 11*, 710-718.

Pruessner, J.C., Wolf, O.T., Hellhammer, D.H., Buske-Kirschbaum, A., von Auer, K., Jobst, S., Kaspers, F. & Kirschbaum, C. (1997). Free cortisol levels after awakening: a reliable biological marker for the assessment of adrenocortical activity. *Life Sciences, 61*, 2539–2549.

Pruessner, M., Pruessner, J.C., Hellhammer, D.H., Bruce Pike, G. & Lupien, S.J. (2007). The associations among hippocampal volume, cortisol reactivity, and memory performance in healthy young men. *Psychiatry Research, 155*, 1–10.

Rohleder, N., Beulen, S.E., Chen, E., Wolf, J.M. & Kirschbaum, C. (2007). Stress on the dance floor: the cortisol stress response to social-evaluative threat in competitive ballroom dancers. *Personality and Social Psychology Bulletin, 33*, 69–84.

Stalder, T., Hucklebridge, F., Evans, P. & Clow, A. (2009). Use of a single case study design to examine state variation in the cortisol awakening response: Relationship with time of awakening. *Psychoneuroendocrinology, 34*, 607—614.

Stalder, T., Evans, P., Hucklebridge, F. & Clow, A. (2010). State associations with the cortisol awakening response in healthy females. *Psychoneuroendocrinology, 35*, 1245-52.

Strahler K, Ehrlenspiel F, Heene M, Brand R. (2010). Competitive anxiety and cortisol awakening response in the week leading up to a competition. Psychol Sport Exerc 11:148–54.

Therrien, F., Drapeau, V., Lupien, S. J., Beaulieu, S., Doré, J., Tremblay, A. & Richard, D. (2008). Awakening cortisol response in relation to psychosocial profiles and eating behaviors. *Physiology & Behavior, 93*, 282-288.

Thorn, L., Evans, P., Cannon, A., Hucklebridge, F., Evans, A. & Clow, A. (2011). Seasonal differences in the diurnal pattern of cortisol secretion in healthy participants and those with self-assessed seasonal affective disorder. *Psychoneuroendocrinology, 36*, 816-823.

Thorn, L.,Hucklebridge, F., Esgate, A., Evans, P. & Clow, A. (2004). The effect of dawn simulation on the cortisol response to awakening in healthy participants. *Psychoneuroendocrinology, 29*, 925–930.

Thorn, L., Hucklebridge, F., Evans, P. & Clow, A. (2006). Suspected non-adherence and weekend versus week day differences in the awakening cortisol response. *Psychoneuroendocrinology, 31,* 1009–1018.

Wilhelm, I., Born, J., Kudielka, B.M., Schlotz,W. & Wüst, S. (2007). Is the cortisol awakening rise a response to awakening? *Psychoneuroendocrinology, 32,* 358–366.

Wright, C.E. & Steptoe, A. (2005). Subjective socioeconomic position, gender and cortisol responses to waking in an elderly population. *Psychoneuroendocrinology, 30,* 582–590.

Wüst, S., Federenko, I., Hellhammer, D.H. & Kirschbaum, C. (2000). Genetic factors, perceived chronic stress, and the free cortisol response to awakening. *Psychoneuroendocrinology, 25,* 707–720.

8. Anhang

8.1 Rekrutierungsmail

> „Liebe/r Versuchsteilnehmer/in,
>
> wir, die ExPra-Gruppe von Herrn Stalder, rekrutieren derzeit Probanden für unsere Studie „Einflussfaktoren auf die CAR" und würden uns freuen, wenn Du an der Untersuchung teilnimmst. Die Teilnahme umfasst einen ca. 30-minütigen Labortermin, an dem Du über den Ablauf der Untersuchung aufgeklärt wirst, sowie zwei Messungen, die Du selbstständig zuhause durchführst.
> Der Labortermin kann in der Vorlesungszeit _________ von   bis Uhr im Bürogebäude Zellescher Weg 19 (ASB) in der Fachrichtung Psychologie der TU Dresden im Raum _________ stattfinden.
> Bitte gib uns Bescheid, wann genau Du Zeit hast.
>
> Mit freundlichen Grüßen
> (Name)
> Im Namen des Expra-Teams der Biopsychologie"

8.2 Probandeninformation

> Sehr geehrte Teilnehmerin, sehr geehrter Teilnehmer,
>
> wir laden Sie ein, an der Studie **Einflussfaktoren auf die CAR** teilzunehmen. Die Aufklärung über diese Studie erfolgt mittels dieser Probandeninformation und einem Gespräch. Anschließend können Sie sich für oder gegen die Teilnahme an der Studie entscheiden.
> Die Teilnahme ist freiwillig und kann jederzeit auch ohne Angabe von Gründen durch Sie beendet werden, ohne dass Ihnen hierdurch Nachteile entstehen. Die Teilnahme an der Studie ist nur möglich, wenn Sie Ihre Einwilligung zur Teilnahme erklären. Die nachfolgende Information beschreibt Ihre Aufgaben und Rechte als Studienteilnehmer. Lesen Sie bitte diese Information sorgfältig durch und zögern Sie nicht, Fragen zu stellen.
>
> **1. Ziele und Ablauf der Untersuchung**
>
> In dieser Studie befassen wir uns mit dem Hormon Cortisol. Dabei interessieren wir uns vornehmlich für die Veränderung der Werte unmittelbar nach dem Aufwachen. Dies nennt man Cortisol-Aufwach-Reaktion (CAR). Unser Ziel ist es, Einflussfaktoren auf die CAR zu untersuchen, weil bisweilen in der Forschung Uneinigkeit darüber herrscht.
>
> Ihre Aufgabe ist es, an zwei Tagen nach dem Aufwachen selbstständig jeweils zwei Speichelproben zu entnehmen und einige Fragebögen auszufüllen. Die Entnahme findet bei Ihnen zu Hause statt, d. h. ein Besuch im Labor ist nicht notwendig. Eine konkrete Beschreibung zum Ablauf der Messungen finden Sie noch einmal am Ende dieser Information. Pro Speichelentnahme benötigen Sie maximal 5 Minuten. Die Entnahme erfolgt mit Hilfe von Salivetten, die Ihnen vom Versuchsleiter ausgehändigt werden.
>
> Die Messungen erfolgen an zwei Tagen:

- Ein Termin wird vorher mit Ihnen vereinbart. Zusätzlich werden Sie am Vorabend noch einmal per SMS daran erinnert.
- Eine zweite Messung wird ohne vorherige Ankündigung ablaufen. Sie werden innerhalb eines bestimmten Zeitraums an einem Werktag von uns angerufen, geweckt und zur Speichelentnahme aufgefordert.

Allgemein sollen Sie innerhalb dieses Zeitraums sowie an dem ausgemachten Messtag morgens erreichbar sein. Stellen Sie dafür Ihr Handy vor dem Schlafengehen auf „laut". Schalten Sie ggf. Ihre mobilen Daten und das WLAN aus (kein Flugmodus!), um nicht von anderen Mitteilungen gestört zu werden. Auf Ihr angegebenes Aufwachverhalten wird Rücksicht genommen.

2. Hinweise auf das Recht, die Einwilligung zur Teilnahme an der Untersuchung jederzeit zurückziehen zu können

Die Regeln wissenschaftlicher Untersuchung schreiben vor, dass Sie Ihre freiwillige Bereitschaft, an dieser Untersuchung teilzunehmen, schriftlich bestätigen. Sie haben ausreichend Bedenkzeit, um Ihre Entscheidung zu treffen. Auch wenn Sie sich zunächst für die Teilnahme entschieden haben, kann diese Einwilligung jederzeit und ohne Angabe von Gründen zurückgenommen werden, ohne dass Ihnen dadurch irgendwelche Nachteile entstehen.

3. Datenschutz

Bei wissenschaftlichen Studien werden persönliche Informationen und biologische Daten über Sie erhoben. Alle Informationen, die wir im Rahmen unserer Untersuchungen sammeln, werden vertraulich behandelt und nur von Mitarbeitern unseres Forschungsteams im Rahmen der laufenden Studie verwendet. Die Weitergabe, Speicherung und Auswertung der studienbezogenen Daten erfolgt nach gesetzlichen Bestimmungen ohne Namensnennung (d. h. Sie bekommen eine Codenummer, die Ihren Namen nicht enthält) an die Studienleiter zur wissenschaftlichen Auswertung. Die Speichelproben werden an der Professur Biopsychologie aufbewahrt und nur auf das Hormon Cortisol hin untersucht und danach vernichtet. Es werden keinerlei genetische Analysen durchgeführt. Im Falle einer Veröffentlichung der Ergebnisse der Studie ist kein Rückschluss auf Ihre Person möglich und die Vertraulichkeit Ihrer personenbezogenen Daten bleibt in jedem Fall gewährleistet.

8.3 Trait-Fragebogen

Probanden-Code: _____________

1. Alter: _______
2. Geschlecht: männlich   weiblich
3. Größe: _______ cm
4. Gewicht: _______ kg
5. Derzeitige Tätigkeit: Schüler/-in   Student/-in
                             Berufstätige/-r   Auszubildende/-r
                             Sonstiges

Datum: _____________   **Probanden-Code:** ____________

unangekündigte/   angekündigte Messung

1. Wann sind Sie am Abend vor der Messung zu Bett gegangen? ___________

2. Wann sind Sie am Morgen der Messung aufgewacht?   ___________

3. Wann haben Sie die Speichelproben für die Messung entnommen?

   1. Zeitpunkt ___________   2. Zeitpunkt ___________

4. Wie würden Sie die Qualität Ihres letzten Nachtschlafes beurteilen?

   sehr schlecht

  sehr gut

5. Welche Lichtverhältnisse herrschten zum Zeitpunkt des Aufwachens?

   künstliches Licht   dunkler Raum   Sonnenlicht   teilweise

verdunkelt

6. Haben Sie am Abend vor der Messung Alkohol konsumiert?   Ja   Nein

   7. Wenn „Ja": Wie viel Alkohol haben Sie am Abend vor der Messung konsumiert?

      Viel weniger als gewöhnlich

     Etwas weniger als gewöhnlich

        so viel wie gewöhnlich

     Etwas mehr als gewöhnlich

        Viel mehr als gewöhnlich

8. Hatten Sie am Tag vor der Messung ein belastendes Ereignis?   Ja   Nein

   9. Wenn „Ja": Wie schätzen Sie Ihre Belastung durch dieses Ereignis ein?

   leicht belastend   ziemlich belastend   stark belastend

10. Wie sehr fühlten Sie sich durch die Messungen in Ihrer alltäglichen Routine beeinträchtigt?

   überhaupt nicht   geringfügig   ziemlich   sehr stark

11. Wie sehr mussten Sie im Verlauf der Studie an die bevorstehende Messung denken?

   überhaupt nicht   geringfügig   ziemlich   sehr stark

12. Als wie belastend würden Sie die anstehenden Ereignisse Ihres heutigen Tages beschreiben?

   überhaupt nicht   geringfügig   ziemlich   sehr stark

Datum: ____________ **Probanden-Code:** ___________

unangekündigte/ angekündigte Messung

Im Folgenden finden Sie eine Reihe von Feststellungen, mit denen man sich selbst beschreiben kann. Bitte lesen Sie jede Feststellung durch und wählen Sie aus den vier Antworten diejenige aus, die angibt, wie Sie sich in diesem Moment fühlen. Kreuzen Sie bitte bei jeder Feststellung die entsprechende Zahl an. Es gibt keine richtigen oder falschen Antworten. Überlegen Sie bitte nicht lange, und denken Sie daran, diejenige Antwort auszuwählen, die Ihren augenblicklichen Gefühlszustand am besten beschreibt.

		überhaupt nicht	ein wenig	ziemlich	sehr
1.	Ich bin ruhig.	1	2	3	4
2.	Ich fühle mich geborgen.	1	2	3	4
3.	Ich fühle mich angespannt.	1	2	3	4
4.	Ich bin bekümmert.	1	2	3	4
5.	Ich bin gelöst.	1	2	3	4
6.	Ich bin aufgeregt.	1	2	3	4
7.	Ich bin besorgt, dass etwas schiefgehen könnte.	1	2	3	4
8.	Ich fühle mich ausgeruht.	1	2	3	4
9.	Ich bin beunruhigt.	1	2	3	4
10.	Ich fühle mich wohl.	1	2	3	4
11.	Ich fühle mich selbstsicher.	1	2	3	4
12.	Ich bin nervös.	1	2	3	4
13.	Ich bin zappelig.	1	2	3	4
14.	Ich bin verkrampft.	1	2	3	4
15.	Ich bin entspannt.	1	2	3	4
16.	Ich bin zufrieden.	1	2	3	4
17.	Ich bin besorgt.	1	2	3	4
18.	Ich bin überreizt.	1	2	3	4
19.	Ich bin froh.	1	2	3	4
20.	Ich bin vergnügt.	1	2	3	4

Die Cortisol-Aufwach-Reaktion lässt sich nur dann zuverlässig bestimmen, wenn die angegeben Messzeitpunkte exakt eingehalten werden. Ihre Zuverlässigkeit bei der Durchführung ist also sehr wichtig, um die Daten nicht zu verfälschen. Im Falle einer Speichelentnahme zu einem anderen Zeitpunkt als vereinbart wird die Probe für unseren Forschungszweck unbrauchbar. Zudem bitten wir Sie, die Salivetten innerhalb des vereinbarten Zeitraums stets griffbereit (z. B. auf dem Nachttisch) zu haben.

Bitte beachten Sie bei den Messungen:

- Handy vor dem Schlafengehen auf „laut" stellen, ggf. mobile Daten und WLAN aus (kein Flugmodus!)
- vor der Speichelentnahme **nicht** essen/trinken (außer Wasser), rauchen, Kaugummi kauen oder Zähne putzen
- 1. Speichelprobe sofort nach dem Aufstehen entnehmen
- 2. Speichelprobe exakt 30 Minuten nach der ersten entnehmen (**Timer** stellen)
- zwischen 1. und 2. Speichelentnahme keinen Sport treiben
- richtige Zuordnung der Salivetten (siehe Beschriftung)
- nach der Entnahme die Proben sofort in den Zeit messenden Kapseln (nur öffnen um Proben hineinzulegen) am besten im **Gefrierfach** (alternativ im Kühlschrank) aufbewahren
- zum Auswertungsgespräch die Proben abgeben

Ablaufplan für zuhause:

Angekündigte Messung:

Am Vorabend erhalten sie eine Erinnerungs-SMS für die erste Messung am Folgetag. Nach dem Aufwachen entnehmen Sie sofort eine Speichelprobe, indem Sie das Röhrchen öffnen, nur den weichen Kunststoffstopfen herausnehmen und eine Minute darauf herumkauen. Danach stecken Sie den Stopfen zurück in das Plastikröhrchen. Bringen Sie dieses unmittelbar in der MEMS Kapsel zum Gefrierfach (alternativ in den Kühlschrank). Nach genau 30 Minuten wiederholen Sie diesen Vorgang. Füllen Sie nach den Messungen jeweils den beiliegenden Fragebogen aus.

Unangekündigte Messung:

Sie werden unangekündigt innerhalb eines vereinbarten Zeitraums durch einen kurzen Anruf von uns geweckt. Führen Sie dann genau die gleiche Prozedur wie bei der angekündigten Messung durch (2 x Speichelentnahme und Fragebögen ausfüllen).

<table>
<tr><td>Telefonnummer meines Versuchsleiters: _______________________</td></tr>
<tr><td>Datum der angekündigten Messung: _____________</td></tr>
<tr><td>Zeitraum der unangekündigten Messung: __________ - __________</td></tr>
<tr><td>Termin für Auswertungsgespräch: _____________</td></tr>
</table>

"Erinnerung! Liebe/r Studienteilnehmer/in, morgen früh ist Dein Termin zur Messung der Cortisolaufwachreaktion. Lies bitte die Checkliste noch einmal durch und stelle sicher, dass Du alle Punkte beachtet hast. Deine Teilnahme ist für uns sehr wichtig. Vielen Dank, Dein Expra-Team der Biopsychologie"